BEI GRIN MACHT SICH IHR WISSEN BEZAHLT

- Wir veröffentlichen Ihre Hausarbeit,
  Bachelor- und Masterarbeit

- Ihr eigenes eBook und Buch -
  weltweit in allen wichtigen Shops

- Verdienen Sie an jedem Verkauf

Jetzt bei www.GRIN.com hochladen
und kostenlos publizieren

Bibliografische Information der Deutschen Nationalbibliothek:

Die Deutsche Bibliothek verzeichnet diese Publikation in der Deutschen National-
bibliografie; detaillierte bibliografische Daten sind im Internet über http://dnb.d-
nb.de/ abrufbar.

Dieses Werk sowie alle darin enthaltenen einzelnen Beiträge und Abbildungen
sind urheberrechtlich geschützt. Jede Verwertung, die nicht ausdrücklich vom
Urheberrechtsschutz zugelassen ist, bedarf der vorherigen Zustimmung des Verla-
ges. Das gilt insbesondere für Vervielfältigungen, Bearbeitungen, Übersetzungen,
Mikroverfilmungen, Auswertungen durch Datenbanken und für die Einspeicherung
und Verarbeitung in elektronische Systeme. Alle Rechte, auch die des auszugsweisen
Nachdrucks, der fotomechanischen Wiedergabe (einschließlich Mikrokopie) sowie
der Auswertung durch Datenbanken oder ähnliche Einrichtungen, vorbehalten.

Impressum:

Copyright © 2006 GRIN Verlag, Open Publishing GmbH
Druck und Bindung: Books on Demand GmbH, Norderstedt Germany
ISBN: 9783640541393

Dieses Buch bei GRIN:

http://www.grin.com/de/e-book/143044/informalitaet-und-entwicklung

Paulina Holbreich

Informalität und Entwicklung

GRIN Verlag

GRIN - Your knowledge has value

Der GRIN Verlag publiziert seit 1998 wissenschaftliche Arbeiten von Studenten, Hochschullehrern und anderen Akademikern als eBook und gedrucktes Buch. Die Verlagswebsite www.grin.com ist die ideale Plattform zur Veröffentlichung von Hausarbeiten, Abschlussarbeiten, wissenschaftlichen Aufsätzen, Dissertationen und Fachbüchern.

Besuchen Sie uns im Internet:

http://www.grin.com/

http://www.facebook.com/grincom

http://www.twitter.com/grin_com

Universität Hamburg
Institut für Geographie
SS 2006
Übung: Urbaner informeller Sektor in lateinamerikanischen Großstädten

Informalität und Entwicklung

Verfasst von: Paulina Holbreich

1 Einleitung

In der vorliegenden Arbeit soll der Zusammenhang zwischen den unterschiedlichen Arten informeller Arbeit und der wirtschaftlichen Entwicklung eines Landes untersucht werden. Es stellt sich also die Frage, ob Informalität mit einer Entwicklung einhergehen kann, oder, ob sie die Länder der Dritten Welt daran hindert eine stabile und funktionierende Wirtschaft aufzubauen. *A. Portes*, ein Vertreter des strukturalistischen Ansatzes, ist der Ansicht die Verlagerung der Produktion aus den Industrieländern sei mit der Informalität eng verknüpft. Diese würden nun eine neue Strategie verfolgen, die im Allgemeinen als *Post-Fordismus*[1] bezeichnet wird und eine flexible Produktion bedeutet und als eine Neuregelung der Arbeitsorganisation verstanden wird.[2]

Im Abschnitt 2. werde ich unter der Überschrift „Organisationsformen der Wirtschaft" auf die Arbeitsstandards und auf die Bedeutung der In-und Exportorientierung lateinamerikanischer Länder in Zeitverlauf eingehen.

Die sich daraus ergebenden komplizierten Verflechtungen innerhalb des informellen und formellen Sektor, die auch bereits in den vorhergehenden Hausarbeiten angesprochen wurden, möchte ich mit einigen Modellen von *Portes* und *Sassen-Koob* verdeutlichen. In meinem mündlichen Vortrag zeige ich dann ein Beispiel aus dem Bereich des Tourismus.

Abschließend stelle ich die Theorie von *Maloney* dar, der den informellen Sektor als einen „Dämpfer" im Wirtschaftskreislauf sieht.

Diese Hausarbeit unternimmt also einen Versuch die heterogenen Aspekte und Zusammenhänge einer wirtschaftlichen Entwicklung lateinamerikanischer Länder dem Leser näher zu bringen und verschiedene Denkansätze vorzustellen.

2 Organisationsformen der Wirtschaft

Im Vorfeld sollten einige wirtschaftswissenschaftliche Begrifflichkeiten geklärt werden. Denn ohne zu wissen was Entwicklung eigentlich heißt, können wir nicht klären, ob sie im Zusammenhang mit dem informellen Sektor steht.

---

[1] Das Massenproduktionsprinzip wird aufgegeben, es werden verstärkt neue Technologien genutzt, es entstehen Cluster kleinerer selbstständiger Betriebe, die untereinander verflochten sind und so eine höhere Flexibilität erreichen lassen. Aus: Leser, Hartmut (2001): Wörterbuch der Geographie. München.
[2] Vgl. Komslosy, A./Parnreiter, C./Stacher, I./Zimmermann, S. (1997):S. 23

Wirtschaftliche Entwicklung hängt unmittelbar mit Wachstum zusammen, der als „der stetige Anstieg der Produktion im Zeitverlauf"[3] definiert wird. Wachstum bedeutet nicht nur technischen Fortschritt, der für eine gewinnmaximierende Wirtschaft nötig ist, sondern setzt eine Kapitalakkumulation voraus, um Investitionen zu tätigen.

Wenn man sich nun die Lage vieler Dritte Welt Länder ansieht, wo bereits eine überwältigende Mehrzahl von Menschen im informellen Sektor tätig ist, stellt man fest, dass der informelle Sektor eher „dem Versorgungsprinzip als dem der Gewinnmaximierung"[4] folgt.

Weitere wesentliche Merkmale informeller Wirtschaft nach der Definition der ILO sind unter anderem die wenig produktive Technologie, die extensive Produktionsweise, einheimisches Kapital, sowie die geringe Betriebsgröße.[5] All diese Faktoren scheinen nicht in das Konzept einer modernen freien Marktwirtschaft hineinzupassen. In Folgenden soll dieser Gegenstand näher betrachtet werden.

2.1 Arbeitsstandards

Viele Länder Lateinamerikas haben Arbeitschutzgesetze, die, zumindest auf dem Papier, in nichts denen der Industrienationen nachstehen. Die Arbeiter im formellen Sektor genießen rechtlichen Schutz bei Betriebsunfällen, Kündigung und im Alter.[6] Jedoch reflektieren diese Standards die Ideen und Werte westlicher Industriegesellschaften, die von den Dritte Welt Ländern einfach übernommen wurden.[7]

Da es in diesen Ländern einen Überschuss an Arbeitskraft gibt, die im formellen Sektor beschäftigt werden können, hat sich neben dem formellen, arbeitsrechtlich abgesicherten Sektor, ein informeller oft schlechter bezahlter Sektor gebildet. Organisationen wie die ILO (International Labor Organisation) und PREALC (Programa Regional de Empleo para América Latina y el Caribe) sehen also unter anderem die ungenügende Arbeitsplatzkapazität des modernen Sektors als Grund für die vielfältigen Arbeitsmöglichkeiten im informellen Sektor.[8] Schlussendlich ist es für viele formelle Unternehmen viel teurer und umständlicher einen „legalen" Arbeiter einzustellen als mit informellen Kleinbetrieben zusammen zu

---

[3] Blanchard, Oliver/Illing,Gerhard (2004):S. 857
[4] Gans, Paul (1990):S. 52
[5] Vgl. Komslosy, A./Parnreiter, C./Stacher, I./Zimmermann, S. (1997): S.12
[6] Vgl. Portes, Alejandro (1994): S.115
[7] Vgl. ebd. :S. 116
[8] Vgl. ebd. :S. 119

arbeiten, um so mit scheinbarer Formalität auf dem Weltmarkt konkurrenzfähig zu bleiben. Diese Thematik wird in Kapitel 3 noch näher erläutert.

2.2 Industrialisierung durch Importsubstitution

Die Jahre nach 1960 gelten in Lateinamerika als zweite Phase der Ersetzung der eingeführten Güter durch Eigenproduktion (Importsubstitution). Die erste Phase fand ab ca. 1930 bis in die späten 1950er Jahre statt, als einfache Güter wie Nahrungsmittel und Textilien, die früher importiert wurden, industriell für die Binnenwirtschaft hergestellt wurden. In der zweiten Phase wurde die industrielle Produktion auch auf technologisch aufwendigere und Kapitalgüter (z.B. Betriebsanlagen und Maschinen) ausgeweitet. [9] Da der Staat historisch eine führende Position in den früheren Kolonialländern Lateinamerikas einnahm und Privatkapital nur in Händen einer kleinen Oberschicht akkumuliert war, spielte der Staat bei der Industrialisierung eine Schlüsselrolle. Es waren meist multinationale Unternehmen, die sich in vielen Staaten Lateinamerikas niederließen und Investitionen tätigten. Je fortschrittlicher die Industrie sich jedoch entwickelte, desto mehr mussten teure dauerhafte Investitionsgüter, wie Maschinen und Ersatzteile, aus den USA, Europa und Japan importiert werden. Dieser Prozess führte zu einer Verschuldungsspirale, da ohne Maschinen die Produktion still stand und die Schulden nicht abgezahlt werden konnten. „Die Einfuhrkosten für diese Güter waren nach der Fertigstellung der Anlagen oft höher als die Devisenerlöse aus dem Export". [10] An dieser Stelle sollte jedoch zwischen zwei Ländergruppen unterschieden werden, Brasilien und Mexiko auf der einen und die übrigen Länder Lateinamerikas auf der anderen Seite. Nur den beiden erstgenannten ist es gelungen die erste Phase der industriellen Produktion zu überwinden, die anderen blieben in starker Import-Abhängigkeit.

Wenn man sich nun den informellen Sektor im Zeitraum 1950 bis 1980 ansieht (vgl. Tabelle 1. im Anhang) stellt man fest, dass er auf dem gleichen Niveau von ca. 30% verblieben ist und die Zahl der informell Beschäftigten offensichtlich nicht mit der industriellen Entwicklung und Wachstum im BIP gesunken ist. [11] (vgl. Tabelle 2. im Anhang)

Dieser Tatsache liegt die Vermutung nahe, dass allein eine Industrialisierung eines Landes „im Galopp", wie es die *Modernisierungstheorie* nahe legt, das gesellschaftliche Problem der Existenz informeller Strukturen nicht lösen kann. Die staatlich festgelegten Rigiditäten bei

---

[9] Waldmann, Peter (2000): S. 39
[10] Ebd S.40
[11] Vgl. Portes, Alejandro (1994): S. 121 Tabel 7.1

den in 2.1 erwähnten Arbeitsstandards, sowie die staatlich forcierte Industrialisierung können nur in einem gesellschaftlichen Wertesystem funktionieren, wenn es „eine Basis an generalisierter Moral existiert, die tief im sozialen Netz verankert ist und die vom Staat gestärkt werden muss."[12]

2.3 Export-Orientiertes Wirtschaften

In den 80er und 90er Jahren führte die Ausweitung der Produktion vieler internationaler Konzerne zu einer Verlagerung der Produktionsstandorte in so genannte „Billiglohnländer" nach Süd-Ost Asien und auch Lateinamerika. Dort fanden diese Unternehmen ein riesiges Arbeitskräftepotential vor, Menschen, die zu viel geringeren Löhnen als im eigenen Land, eine oft einfache Arbeit verrichten konnten. Der Grund für diese Entwicklung war nicht nur die *post-fordistische* Strategie der Industrienationen, sondern auch die oben dargestellte Politik der Importsubstitution, die zu einer Akkumulation von Arbeitskräften in den Industriezentren (meist gewachsene Mega-Städte) und einem nachträglichen Wachstum informeller Tätigkeiten in diesen *urban-areas* führte. Die systematische Aufgliederung dieser Aktivitäten von *A. Portes*[13] spiegelt seine Heterogenität wider:

1. Überlebens-Informalität (informality of survival)
2. Unabhängige informelle Unternehmen (independant informal enterprises)
3. Informelle Unternehmen, die bei einer formellen Firma unter Vertrag sind (enterprises subordinate to formal firms)

Die ersten beiden Typen von Informalität entsprechen der gängigen Vorstellung der Selbstversorger durch Straßenhandel, sowie Kleinstunternehmen, die Dienstleistungen für untere Einkommensschichten anbieten wie Kfz-Werkstätten, Lebensmittelläden usw. Die dritte Art der informellen Tätigkeit hängt jedoch unmittelbar mit der Exportwirtschaft zusammen und ist in den formellen Sektor, im Gegensatz zu 1. und 2., direkt integriert.

Mit dem Aufkommen der Strategie der Export-Orientierung entstanden auch außerhalb der Metropolen so genannte *special-production-zones*[14] bzw. *export-processing-zones*[15]. Beide Begriffe bezeichnen staatlich ausgewiesene Gebiete, wo sich Industrieunternehmen ansiedeln

---

[12] Rosner, Waltraud (2002): S.38
[13] Vgl. Galli, Rossana/David Kucera (2003) :S. 15
[14] Portes, Alejandro (1994): S. 123
[15] Galli, Rossana/David Kucera (2003) :S. 15

können und von Steuervorteilen, sowie gelockerten Arbeitsschutzgesetzen profitieren können.[16] Das Paradox einer solchen Entwicklung ist die Informalisierung durch den Staat selbst, der für eine Stärkung der Export-Wirtschaft seine eigenen Gesetze außer Kraft setzt.

„The end result of this process is not a larger informal sector as under the piecemeal violation strategy, but the breakdown of the formal-informal distinction."[17]

Diese dualistische Trennung der beiden Bergriffe „formell vs. informell" wird zunehmend auch von der ILO kritisiert.[18]

Unbestritten ist aber, dass Informalität für die kapitalistische Produktion und Entwicklung in den Dritte Welt Ländern zu einem Bestandteil fast aller Produktionsprozesse geworden ist, da die Kostenminimierung durch billige Arbeitskraft sich letztendlich konkurrenzfähig und positiv auf die gesamte (Welt)Wirtschaft auswirkt.[19]

3 Verflechtungen innerhalb der Sektoren

Wie bereits im letzten Kapitel kurz angerissen, finden sich bei einem näheren Hinsehen viele Verknüpfungen zwischen dem formellen und dem informellen Sektor. *A. Portes* beschreibt vier Arten von Interaktionen, die im Folgenden näher erläutert werden sollen.

3.1 Informal Marketing Chain [20]

Die erste Art einer Vertriebskette findet man im städtischen Einzelhandel mit einfachem Warenangebot, wie Nahrungsmittel, Zigaretten, Zeitungen und Zeitschriften. Diese Ware wird von informell beschäftigten Zwischenhändlern weiterverkauft und die formellen Unternehmen sparen Kosten für fest angestellte Arbeiter. Beispielhaft sind für diese Vertriebsketten die scheinbar desorganisierten Märkte, die in Wirklichkeit gut koordinierte Netzwerke sind und von Zwischenhändlern formeller Unternehmen fest im Griff gehalten werden.

Quelle: Portes (1994): S. 117

---

[16] Vgl. ebd. :S. 15
[17] Galli, Rossana/David Kucera (2003): S. 15
[18] vgl. Erhard, A. (2000): S. 32
[19] Vgl. Komslosy, A./Parnreiter, C./Stacher, I./Zimmermann, S. (1997): S. 23
[20] Vgl. Portes, Alejandro (1994): S. 118-119

3.2 Input Supply Chain [21]

Die Abbildung B beschreibt den Mitwirkungsprozess informeller Müllsammler, die vorwiegend nachts, auf Müllhalden und Straßen Abfall und Schrott sammeln, den sie schließlich an die Müllverarbeitungsindustrie für einen Bruchteil des tatsächlichen Marktpreise für Rohmaterialen weiterverkaufen.

B. Input Supply Chain

Quelle (beide Abb.): Portes (1994): S. 117

3.3 Vertical Poduction Chain [22]

Die Zeichnung C stellt die vertikale Produktionskette in der Bauindustrie dar. Das Baugewerbe beschäftigt nur in den seltensten Fällen legale Lohnarbeiter. Der Bauherr schließt Verträge mit kleineren informellen Firmen ab, die ihrerseits, je nach Bedarf, flexible Arbeitskräfte anheuern.

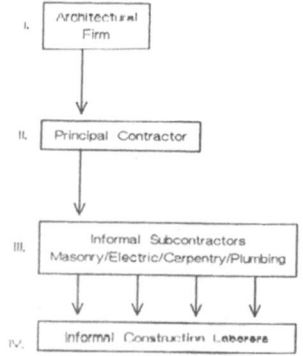

C. Vertical Production Chain

3.4 Multiple Production and Marketing Chain [23]

Die komplizierteste Verknüpfung zwischen formell und informell, wie in Abbildung D dargestellt, findet allerdings in einem internationalen Ausmaß statt. Diese entsteht, wenn große, multinationale Konzerne, sowohl aus der Industrie als auch aus dem Einzelhandel, ihre arbeitsintensive Produktion in die Elendsviertel zahlreicher Dritte Welt Länder verlagern. Diese Konzerne nehmen kleine, informelle Unternehmen, mit 2-10 Arbeitern unter Vertrag,

---

[21] Portes : 118
[22] Ebd.
[23] Ebd.

die ihrerseits zu billigen Stückpreisen Kleidung, Schuhe, Fußbälle und vieles andere mehr produzieren.

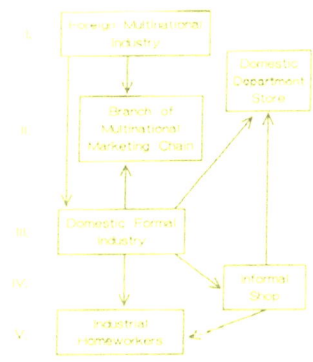

Es ist also nicht weiter verwunderlich, dass legale Industrien sich auf informelle Verträge einlassen, um dadurch auf dem Weltmarkt konkurrenzfähig zu bleiben. Solange das Arbeitspotential da ist und die Strafen für die Umgehung des Gesetzes ignoriert werden, wird die export-orientierte Wirtschaftsstrategie von dem informellen Sektor weiter getragen werden.

Quelle: Portes (1994): S. 117

4 Konjunkturhypothese

William Maloney, leitender Ökonom der Weltbank-Abteilung „Latin America and Caribbean", sieht den informellen Sektor als ein „Auffangbecken" für Arbeitslose, die in einer konjunkturbedingten Rezession, also einem wirtschaftlichen Abschwung, ihre reguläre Beschäftigung im formellen Sektor verloren haben.[24] Demnach expandiert und schrumpft der informelle Sektor abhängig von der aktuellen Konjunkturlage.[25] *Maloney* hat in den Jahren 1987-1990 die Beschäftigtenstruktur in mehreren städtischen Zentren Mexikos untersucht und seine Hypothese damit untermauert. Leider mangelt es an weiteren Langzeitstudien, die diesen Zusammenhang näher wissenschaftlich untersuchen, deshalb fehlen dieser Annahme bis dato weitere Forschungsergebnisse.

Es kann hier allerdings auf die Problematik solcher Untersuchungen hingewiesen werden, da nicht nur die Erhebung der Daten extrem schwierig ist, auch die Heterogenität innerhalb des informellen Sektors macht solche Untersuchungen kompliziert. Denn nicht jede Art der informellen Beschäftigung reagiert auf konjunkturelle Änderungen gleich stark bzw. schwach. Ein informelles Unternehmen, das mit einem formellen zusammenarbeitet bzw. mit ihm unter Vertrag steht, würde eher pro-zyklisch reagieren d.h. in Zeiten der Hochkonjunktur von mehr

---

[24] Vgl. Galli, Rossana/David Kucera (2003): S. 9
[25] Konjunktur = Schwankungen des Produktionswachstums um ein Trendniveau

9

Aufträgen profitieren. Wo hingegen informelle Firmen, die dem formellen Sektor untergeordnet sind d.h. eigenständig arbeiten bzw. produzieren, zu antizyklischen Zeiten eher expandieren, da sie Arbeitskräfte anziehen, die auch zu noch niedrigeren Löhnen arbeiten würden.[26]

Diese Art und Weise die wirtschaftliche Entwicklung und den Wachstum zu messen ist eher kritisch zu betrachten, da der Begriff der Konjunktur und die Festlegung ihrer Hochs und Tiefs schon eine Wissenschaft für sich ist und es dabei keine eindeutigen Definitionen gibt.

5   Fazit

Die am Anfang aufgeworfene Frage, ob Informalität mit einer Entwicklung einhergehen kann, konnte nur teilweise beantwortet werden. Die Strategie der Importsubstitution, der eine rasante Industrialisierung zu Grunde lag, hat zwar relativ viel zum Wachstum der lateinamerikanischen Länder beigetragen, jedoch verschlimmerte diese Entwicklung das Problem informeller Strukturen und hat zu deren Lösung nicht beigetragen. Die nachfolgende export-orientierte Wirtschaft der Jahrzehnte nach 1980 integrierte mehr oder weniger den informellen Sektor in die freie Weltwirtschaft. Die Begriffe Informalität und Armut gelten seitdem in der Wissenschaft nicht mehr als Synonyme, *Schneider* warnt explizit vor einer Gleichsetzung des informellen Sektors mit einem undifferenzierten „Sektor der Armut".[27] Denn nicht alle informellen Wirtschaftssubjekte sind als „arm" einzustufen. Viele der formell beschäftigten Lohnarbeiter verdienen weniger als informelle Arbeiter. Die Mehrzahl der Haushalte muss informelle und formelle Arbeit miteinander kombinieren, um ihren Verdienst zu maximieren.[28] Dieses Faktum erklärt auch die Verflechtungen innerhalb der Sektoren und die von *Portes* erarbeiteten Vermarktungsstrukturen, die von simplen Netzwerken „Fliegender Händler" bis zu international agierenden Unternahmen reichen, die auf mehreren Ebenen Verträge mit einer großen Anzahl informeller Firmen abschließen, um auf dem Weltmarkt konkurrenzfähig zu bleiben.

Auf diese Weise verweilen die lateinamerikanischen Länder in starker Abhängigkeit von den Industrienationen und dem Handel auf dem Weltmarkt.

Kleinräumiger gesehen sind es meist staatliche Unternehmen, oft zu einem großen Anteil in Hand ausländischer Investoren, diejenigen die die großen Gewinne machen. Kleine

---

[26] Vgl. Galli, Rossana/David Kucera (2003): S. 17
[27] Rosner, Waltraud (2002): S. 38
[28] Cartaya, Vanessa (1994): S. 233-236

informelle Unternehmen können sich dagegen Aufgrund ihrer geringen Angestelltenanzahl, des fehlenden Know-how, dem Kapitalmangel, sowie fehlendem modernen Management nicht weiter entwickeln.[29] Da der informelle Sektor jedoch in vielen lateinamerikanischen urbanen Räumen bereits dominiert, sollten der Staat und die Politik ihre möglicherweise veralteten Denkstrukturen aufgeben und die Informalität als einen Teil des Wirtschaftskreislaufs ihrer Staaten anerkennen und durch eine Lockerung der rigiden Arbeitsstandards, wie im Falle von *special-production-zones,* auch den Wachstum von kleinen Unternehmen fördern. Dennoch kann nicht davon ausgegangen werden, eine Deregulierung allein, genauso wie die bereits erfolgte Industrialisierung eines Staates, die Strukturen und Netzwerke der Informalität auflösen werden.

---

[29] Portes, Alejandro (1994): S. 127

Quellenangaben

Blanchard, Oliver/Illing,Gerhard (2004): Makroökonomie. Glossar. München.

Cartaya, Vanessa (1994): Informality and Poverty: Causal Relationship or Coincidence? In: Rakowski, Cathy A. (ed): Contrapunto. The Informal Sector Debate in Latin America. Albany, 223-249.

Erhard, A. (2000): Informelle Wirtschaft und informelle Siedlung - globale Phänomene und das Beispiel Südafrika. Online: http://www.lehrerweb.at/ms/praxis/gw_unterricht/ae_suedafrika.pdf (letzter Zugriff 02.05.2006)

Galli, Rossana/David Kucera (2003): Informal employment in Latin America: Movements over business cycles and the effects of worker rights. ILO. Geneva.

Gans, Paul (1990): Wirtschaftliche Entwicklung und informeller Sektor in Lateinamerika. Das Beispiel ambulanten Handels in Montevideo. In: Geographische Zeitschrift, Heft 1, 48-61.

Kappel, Robert (1999): Das Chaos Afrikas und die Chancen für endogene Entwicklung. In: prokla. Online unter: http://www.epo.de/specials/kappel_prokla.pdf (letzter Zugriff 02.05.2006)

Komslosy, A./Parnreiter, C./Stacher, I./Zimmermann, S. (1997): Der informelle Sektor.Konzepte, Widersprüche und Debatten. In: Komslosy, A./Parnreiter, C./Stacher, I./Zimmermann, S. (1997): Ungeregelt und unterbezahlt. Der informelle Sektor in der Weltwirtschaft. Frankfurt, 9-27.

Portes, Alejandro (1994): When More Can Be Less: Labor Standards, Development, and the Informal Economy. In: Rakowski, Cathy A. (ed): Contrapunto. The Informal Sector Debate in Latin America. Albany, 113-129.

Rosner, Waltraud (2002): Informelle Arbeitswelt - tief verankert in lateinamerikanischen Städten- Fallbeispiele aus Peru. In: Zeitschrift für Geo- und Umweltwissenschaften PGM, Heft 5, 30-38.

Vorlaufer, Karl (1999): Tourismus und informeller Sektor. In: Geographische Rundschau, Heft 12, 681-688.

Anhang

Veränderung urbaner informeller Arbeit 1950-1980 in %

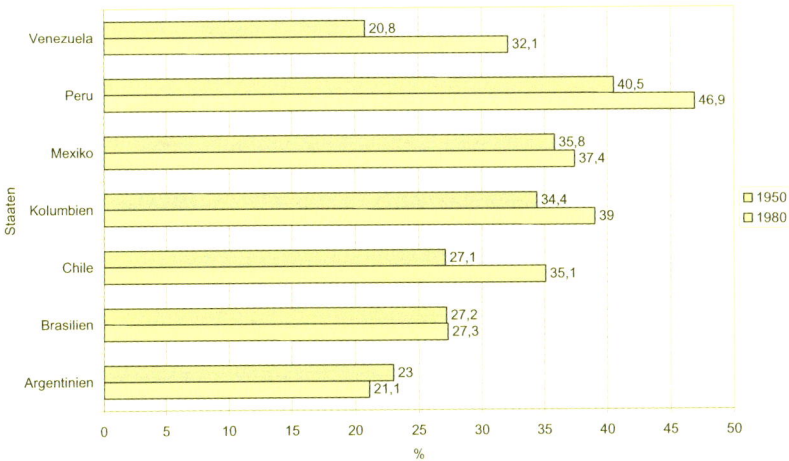

Tabelle 1.
Eigene Darstellung auf Datengrundlage von *Portes* und *Sassen-Koob* (1987). In:
Rakowski, Cathy A. (ed): Contrapunto. The Informal Sector Debate in Latin America. Albany, S. 121.

Veränderung des BIP 1950-1976 in Mrd. US$

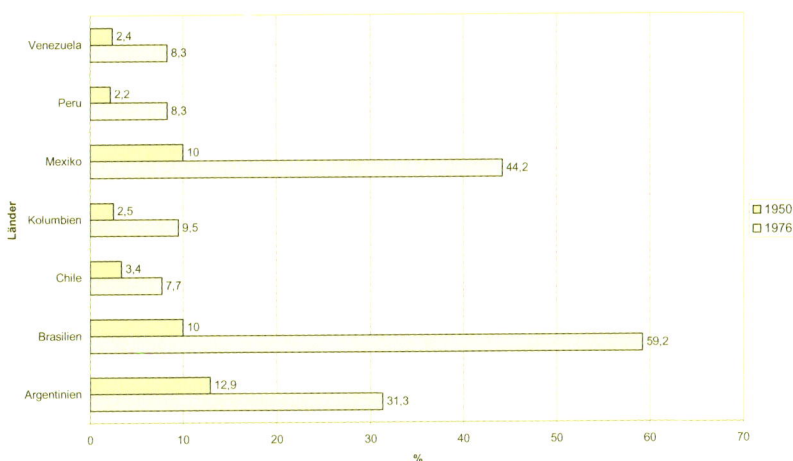

Tabelle 2.
Veränderung des BIP 1950-1976 (in Mrd. US$)
Eigene Darstellung auf Datengrundlage von *Portes* und *Sassen-Koob* (1987). In:
Rakowski, Cathy A. (ed): Contrapunto. The Informal Sector Debate in Latin America. Albany, S. 121.

13

BEI GRIN MACHT SICH IHR WISSEN BEZAHLT

- Wir veröffentlichen Ihre Hausarbeit,
  Bachelor- und Masterarbeit

- Ihr eigenes eBook und Buch -
  weltweit in allen wichtigen Shops

- Verdienen Sie an jedem Verkauf

Jetzt bei www.GRIN.com hochladen
und kostenlos publizieren